中国超级工程（第二辑）

中国超算

肖维玲 / 丛书主编　秦　风 / 著

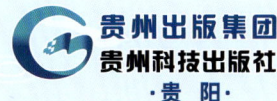

贵州出版集团
贵州科技出版社
·贵阳·

图书在版编目（CIP）数据

中国超算 / 秦风著. -- 贵阳：贵州科技出版社，2024.8. -- （中国超级工程 / 肖维玲主编）. -- ISBN 978-7-5532-1357-6

Ⅰ. TP338-49

中国国家版本馆CIP数据核字第20243SF109号

中国超算

ZHONGGUO CHAOSUAN

出版发行	贵州出版集团 贵州科技出版社
地　　址	贵阳市中天会展城会展东路A座（邮政编码：550081）
网　　址	https://www.gzstph.com
出 版 人	王立红
策划编辑	李艳辉 杨林谕
特邀策划	肖维玲
责任编辑	方　静 鄢苤钰 潘昱含
经　　销	全国各地新华书店
印　　刷	深圳市新联美术印刷有限公司
版　　次	2024年8月第1版
印　　次	2024年8月第1次
字　　数	47千字
印　　张	3.5
开　　本	889 mm×1194 mm　1/16
书　　号	ISBN 978-7-5532-1357-6
定　　价	45.00元

"天眼科普"书系编辑委员会

主　任：王　旭

副主任：王立红

主　编：肖维玲

委　员：李艳辉　李　青　张　慧　彭　伟

　　　　郑　豪　杨林谕　潘昱含　伍思璇

　　　　陈　晏　庞正洋　郁　文　林　浩

　　　　张　蕊　唐伟峰

大家听说过"**超算**"吗？其实超算是"**超级计算机**"（Super Computer）的简称，也叫**巨型计算机**（简称"**巨型机**"）。超算的构成组件和普通计算机基本相同，但它的性能和规模却是普通计算机远远比不上的。通常每秒能计算**5000万次**以上的电子计算机，才有资格被称为"超算"。

超算能在一天内完成过去普通计算机几年甚至几十年才能完成的计算工作。因此，**交通工具制造、新药研发、天气预测、地震监测、天体物理、基因工程、地球科学、材料学**等科学领域的研究都离不开超算的帮助。没有超算，我们将无法继续探索高精尖科学问题。可以说，超算的发展水平很大程度上影响着国家安全、国家荣誉和国家利益，同时也深深影响着我们每个人生活的方方面面！

结绳记事

当然，在超算出现之前，人类就已经革新了很多种**计算方式**。

远古社会，文字还没有发明，**结绳**便是最古老的**计数方法**。人们用**在一根绳子上打不同的结的方法**来表示事物的多少。直到**宋代**，我国北方游牧民族鞑靼还没有掌握文字，每当发生战争调遣军马时，他们便**在草上打结**来表示要调遣的军马数量，然后派人快马送达。

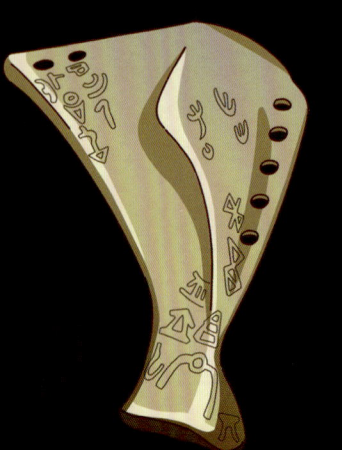 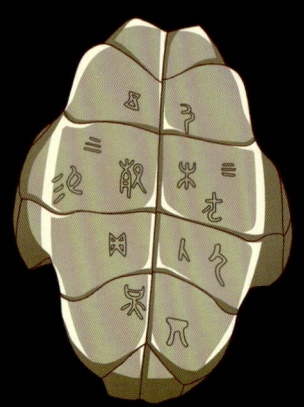

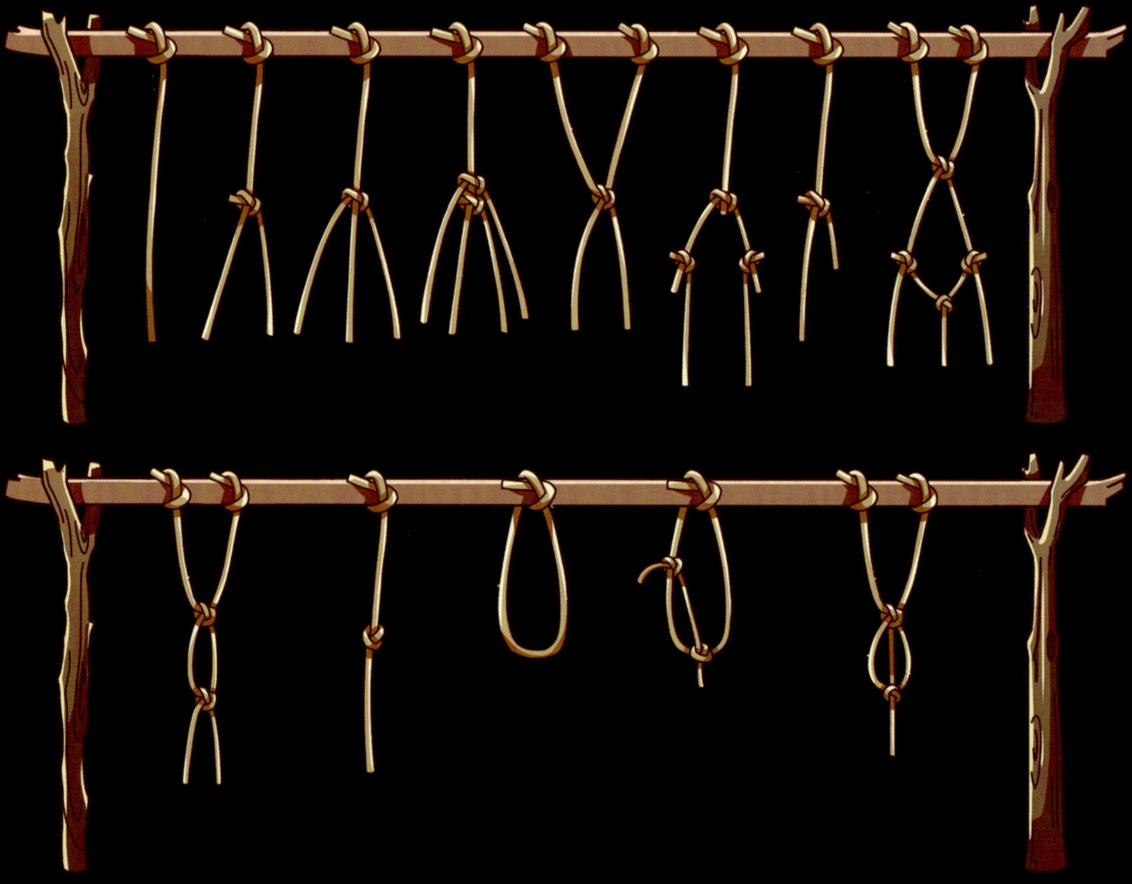

除此之外，人们还会在**木片、竹片、骨片**上画下刻痕来记录**数字、事件**，或者**传达某种信息**。

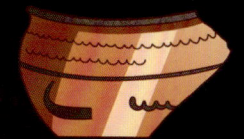  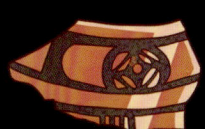 

在**距今约7000年到5000年**的**仰韶文化遗址**中，出土了大量刻有**简化式数字**的陶器。

距今五六千年的**半坡遗址**和**姜寨遗址**出土的陶器上也有代表数字的刻画符号。

原始"**数字**"闪烁着微弱的火星，人们抓住了智慧之光！

商朝的甲骨文里拥有一、二、三、四、五、六、七、八、九、十、百、千、万等十三个专用的记数文字，人们可以使用它们记录十万以内的任何数字。这也表明最迟在商朝，古人已经拥有了十分完备的十进制系统。这是中国一项非常伟大的创造，直到今天，十进制仍旧是人们生活不可或缺的记数规则。

除了**十进制**，古人还使用**十二进制**、**十六进制**等。比如一打是十二个，一年有十二个月，旧制一斤等于十六两（成语"**半斤八两**"便来源于此）。现在广泛应用于电子计算机的**二进制**反而出现较晚。

直到 1679 年，德国数学家戈特弗里德·威廉·莱布尼茨才发现并完善了二进制。它仅使用 1 和 0 两个符号，便能表示一切数字，化繁为简。

二进制

二进制（binary），是在数学和数字电路中以 2 为基数的计数系统，是以 2 为基数代表系统的二进位制。

戈特弗里德·威廉·莱布尼茨

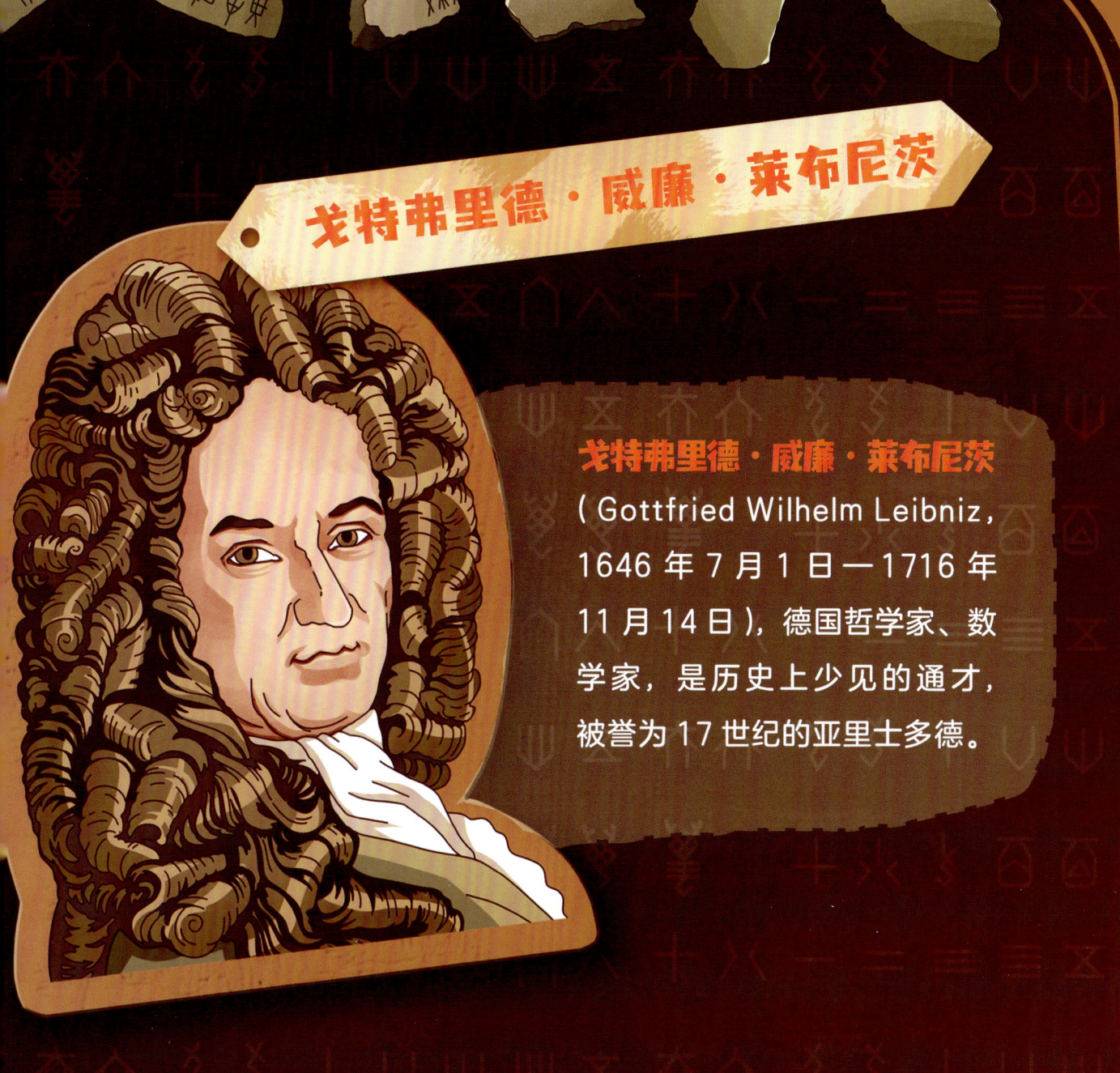

戈特弗里德·威廉·莱布尼茨（Gottfried Wilhelm Leibniz，1646年7月1日—1716年11月14日），德国哲学家、数学家，是历史上少见的通才，被誉为17世纪的亚里士多德。

二进制其实也是中西文化交流的产物。据说莱布尼茨从朋友那里了解到了《周易》一书和**八卦**。

卦象都由"**阴爻**（yáo）"（- -）和"**阳爻**"（—）组成，莱布尼茨认为这是中国版的二进制，从中获得了有益的启发。

早期**数学**和**天文学**的发展与农业文明息息相关。中国是**世界上最早进入农业文明的国家之一**。商周时就已出现古老的计算工具——**算筹**。它由一根根长短粗细相同的小棍子组成，多数是竹制的。一般**二百七十一根**为**一握**，但在实际的生产生活中常见的算筹数量多为二三十枚，人们可以将其放在布袋里随身携带。

除了算筹，我们还有另外一种计算工具——**算盘**。它可以说是古人的"**计算机**"，拥有**计算精准**、**误操作率低**、**随用随算**等诸多优势。直到**20世纪50年代**，我国的科学家在研制原子弹时，算盘依旧发挥了至关重要的作用。当时国内仅有**两台104机**（中国自行研制的第一台大型数字电子计算机），承担着大量繁重的计算工作。科学家为了不耽误研制进程，便用算盘进行辅助计算。

　　算盘的诞生时间略晚于算筹。宋代名画**《清明上河图》**里的一家药铺柜台上便放着一把**算盘**，它已与现代算盘的形制十分相似。

现代电子计算机的诞生与第二次世界大战密切相关，最初的电子计算机可以说是"婴儿版"超算。当时美国着力于新型大炮和导弹的研制，如果单靠人力计算导弹发射的弹道，即便两百名计算员不眠不休地工作，也需要两个多月才能算完一张射表。为了与时间竞赛，美国军方要求宾夕法尼亚大学的设计人员设计一款以真空管取代继电器的"电子化"

电脑,即电子数字积分计算机(Electronic Numerical Integrator and Computer,ENIAC)。

1946年2月14日,世界上第一台通用计算机ENIAC诞生了,它重约30吨。之后,美国的计算机技术与军事科技齐头并进,不断迭代更新,奠定了其军事强国的地位。

新中国成立后,国内一些有识之士意识到了计算机技术在未来的重要战略地位。1956年,中国科学家吹响了进军计算机科学技术领域的集结号。

当时,西方国家在计算机相关技术方面对我国全面封锁,苏联也不看好我国能研制出自己的数字计算机。然而,我国有一群能够把不可能变为可能的"拼命三郎"。

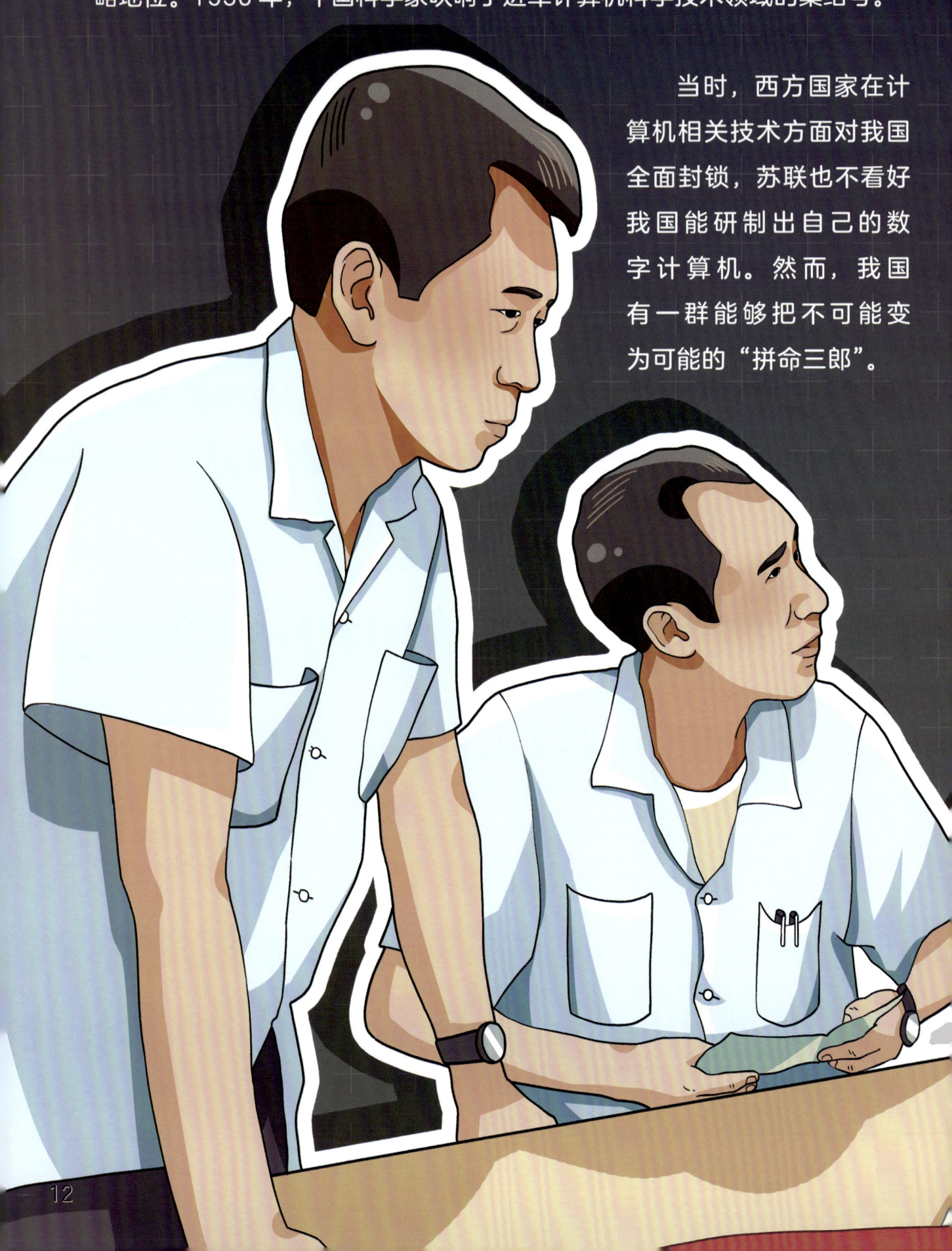

当时，我国计算机研制小组的成员大部分没有接触过电子计算机学，也没有相应的实验室、科研设备、原材料……在这样艰苦的条件下，仅仅用了几个月的时间，于1958年9月，由中国人自行设计研制的第一台军用数字电子计算机——**901机**诞生了。要知道，英国研制第一台数字计算机耗费了两年多时间；苏联还要更慢一些，前前后后用了五六年时间呢。

1958年4月，慈云桂带领平均年龄仅有25岁的9人小组，拉开了中国研制第一代电子计算机的序幕。

13

我国第一台晶体管计算机 "441B"

1961年9月，慈云桂随中国计算机代表团出访欧洲。他在英国曼彻斯特看到了**世界第一台晶体管计算机——Meg**。以往的计算机都是**电子管**，如今新出现的**晶体管**让原本一层楼房才能装下的电子管计算机缩小到了衣柜大小，计算速度却提升了数十倍，甚至上百倍。因此，晶体管也被称作"**装进大象的魔术师礼帽**"。

晶体管

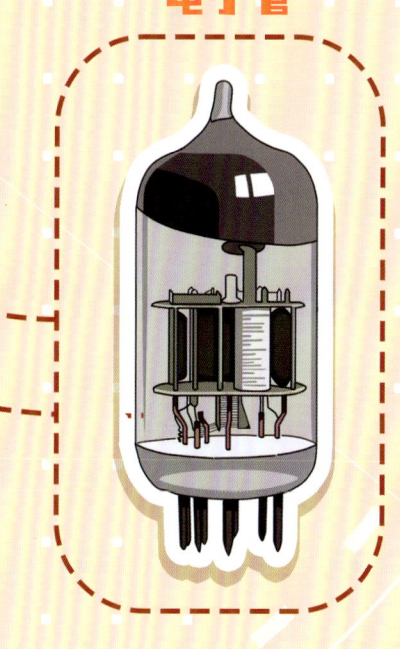

电子管

眼看着国内大型电子管通用计算机的研发任务已经步入尾声，该如何抉择？眼中布满赤红血丝、心如刀绞的**慈云桂**有了壮士断腕的决断。在**聂荣臻元帅**的支持下，1962年3月，慈云桂重新组建一支晶体管通用计算机科研队伍，致力于**441B晶体管通用计算机**的研发。**1964年8月**，我国第一台晶体管计算机"441B"诞生了，运行速度是"901"电子管计算机计算峰值的近百倍，达到了每秒破万次。而且它的无故障时间是当时**世界最佳纪录的五倍多**。我们用不到三年的时间，追赶上英美走了十几年的漫漫长路。

1967年，我国第一颗氢弹研发试验成功；1970年，我国"长征一号"运载火箭将第一颗人造卫星"东方红一号"送上太空；1975年，我国第一颗返回式遥感卫星升空，三天后成功回收……这一系列国之重器的诞生都离不开海量的科学计算，"441B"可以说是"功勋设备"。

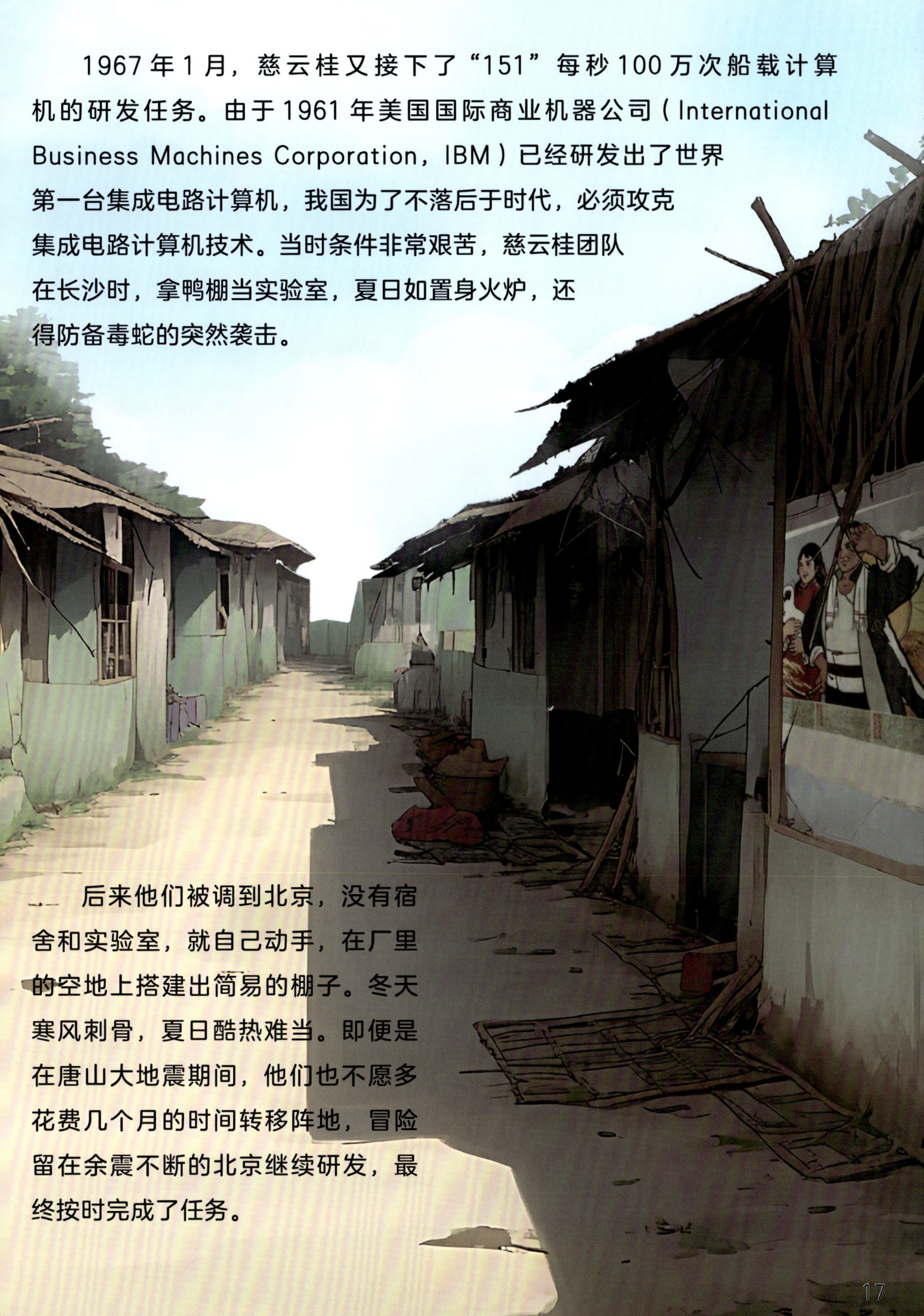

　　1967年1月，慈云桂又接下了"151"每秒100万次船载计算机的研发任务。由于1961年美国国际商业机器公司（International Business Machines Corporation，IBM）已经研发出了世界第一台集成电路计算机，我国为了不落后于时代，必须攻克集成电路计算机技术。当时条件非常艰苦，慈云桂团队在长沙时，拿鸭棚当实验室，夏日如置身火炉，还得防备毒蛇的突然袭击。

　　后来他们被调到北京，没有宿舍和实验室，就自己动手，在厂里的空地上搭建出简易的棚子。冬天寒风刺骨，夏日酷热难当。即便是在唐山大地震期间，他们也不愿多花费几个月的时间转移阵地，冒险留在余震不断的北京继续研发，最终按时完成了任务。

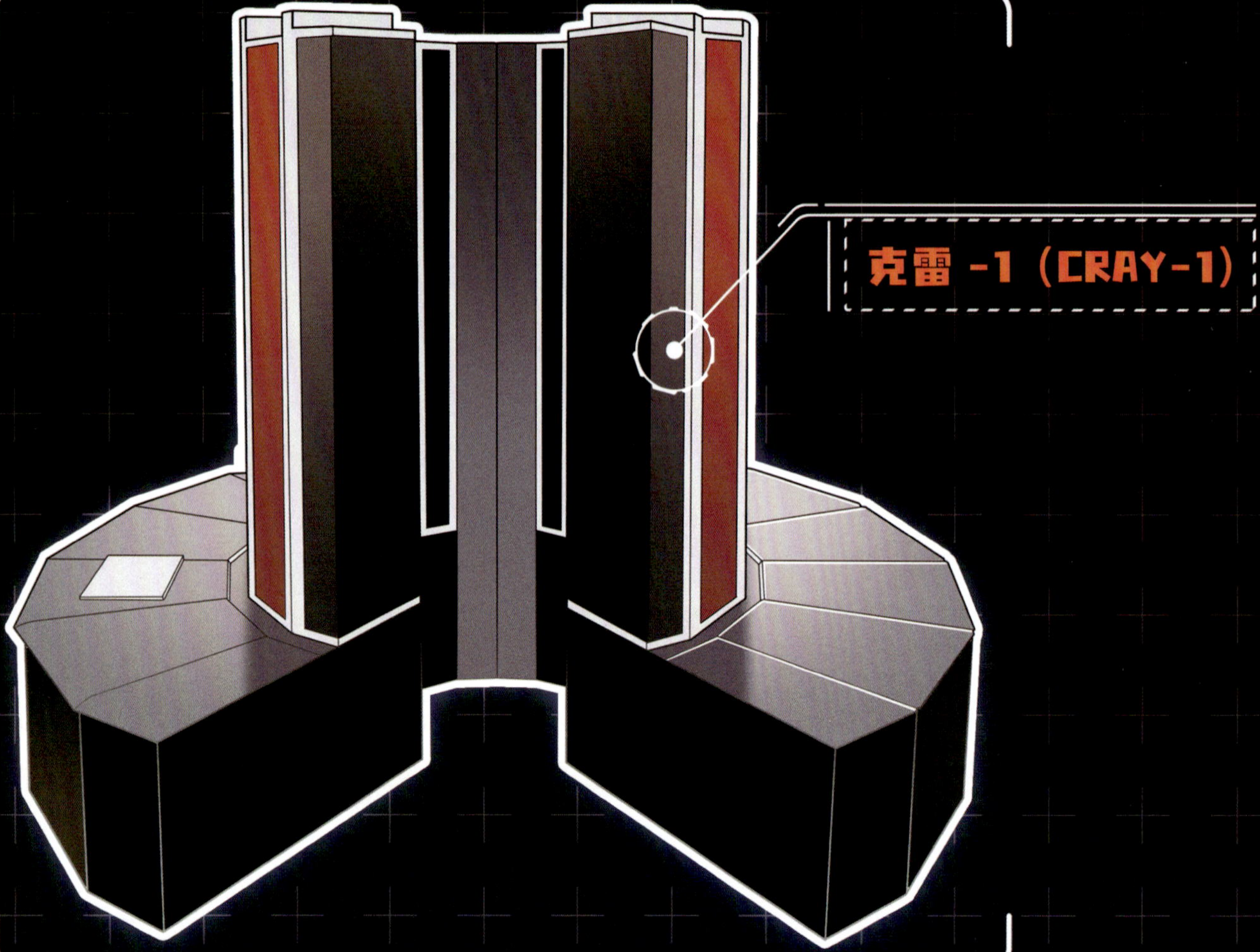

克雷-1（CRAY-1）

然而计算机领域的世界科技竞赛永远没有终点。美国科学家、"超级计算机之父"西蒙·克雷于1963年研制出了计算速度达到每秒300万次的"CDC 6600"，1975年更是推出了人类历史上第一台真正意义上的巨型机（也就是超算）——"克雷-1"。虽然"克雷-1"的占地面积不到7平方米，仅安装了35万块集成电路，重量不超过5吨，但是它的运算速度却达到了每秒1亿次！

中国的科学家就像在打一场"高科技领域的战役",不断攀登更高的山峰。慈云桂早在1972年就一直在思考研制巨型机的问题,在张爱萍将军的支持下,1978年,慈云桂所在的研究所在人员少、设备落后的不利条件下,接下了这一光荣的任务。已经60余岁的慈云桂教授仍旧热血沸腾,不输年轻人。

慈云桂

慈云桂

（1917年4月5日—1990年7月21日）

中国巨型计算机之父，中国科学院院士。

成功研制中国第一台专用数字计算机样机、中国第一台晶体管通用数字计算机 **441B-I 型**、大中型晶体管通用数字计算机 **441B-II 型**、**441B-III 型**。主持建成了雷达和声呐实验室，研制了中国早期的舰用雷达和声呐，培养了中国第一批舰用雷达和声呐工程师。研制成功运算速度每秒 200 万次的大型集成电路通用数字计算机 151-3/4 型。领导研制成功中国第一台亿次级巨型计算机。

假如人生能实现一个梦，我的这个梦，就是让中国在世界高性能计算领域拥有一席之地。

以我们的信心和决心，一定能够完成。

——慈云桂

研究所当初立下的军令状是"六年时间"。在攻坚的时候，慈云桂研究团队咬紧牙关，不敢松懈。为了不延误期限，研究团队搬到了与世隔绝的韶山滴水洞，足不出洞。只要眼睛还能睁开，就坚持工作，实在困得不行了，就倒在旁边的小床上睡一觉。就连吃饭，都是别人专门送到屋里，极大地节约了时间。最终，研究所提前一年完成了任务。

在巨型机科研攻坚这条路上,蹇贤福因为肝癌倒下了,他在病床上还在坚持整理这些年的科研资料;王育民因为重症高血压倒下了,直到生命终结时,他的手里还握着万能表测试笔;还很年轻的张树生也倒在了冲刺的征途上……大家擦干眼泪,藏起悲伤,背负着战友的遗愿继续前行。

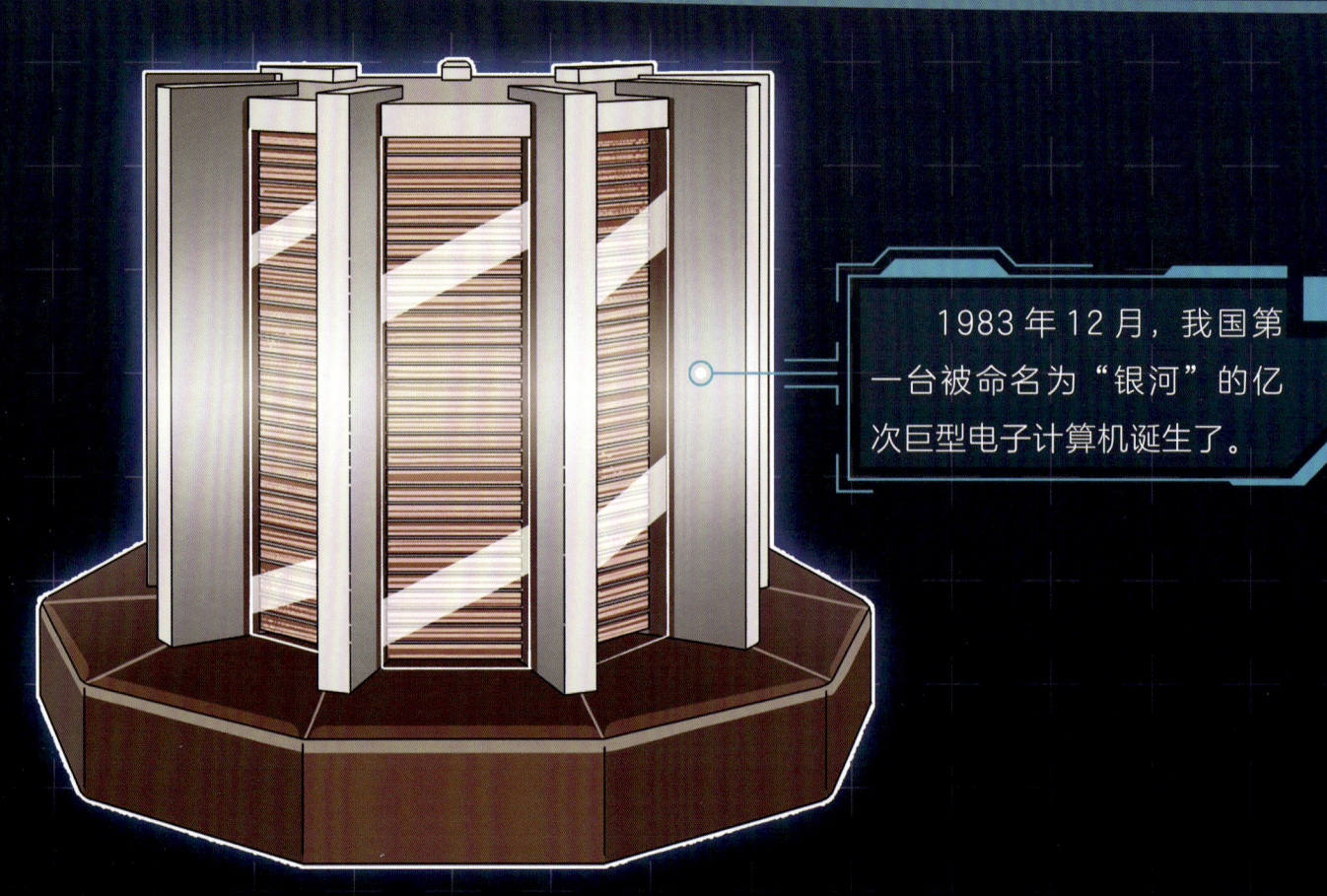

1983年12月，我国第一台被命名为"银河"的亿次巨型电子计算机诞生了。

1983年12月4日，中国自行研究与设计的第一台超算研制成功，中国开启了真正的"超算时代"。这台超算的实际存储容量是"克雷-1"的4倍，功耗却只有"克雷-1"的1/5，平均无故障时间是"克雷-1"的3倍。

张爱萍将军得知这一消息后喜不自胜，当即赋诗一首：

亿万星辰汇银河，
世人难知有几多。
神机妙算巧安排，
笑向繁星任高歌。

之后张爱萍将军将它命名为"银河-I"。第一代"银河人"为巨型机事业艰苦奋斗的精神，也被叫作"银河精神"。之后美国、日本推出的新型巨型机都改用了"银河-I"的结构模式。

9年后的1992年,"银河-II"10亿次巨型机问世。这标志着中国成为继美国、日本之后,第三个实现10亿次超算的国家。1994年,"银河-II"在中国气象局正式投入运行。它仅用413秒,便能完成一天的天气预报。

1992年11月19日,由国防科技大学研制的"银河-II"10亿次巨型计算机在长沙通过国家技术鉴定,每秒运算10亿次,使中国成为当时世界少数几个能发布中期数值预报(5~7天)的国家,为国家经济建设做出了特殊的贡献。

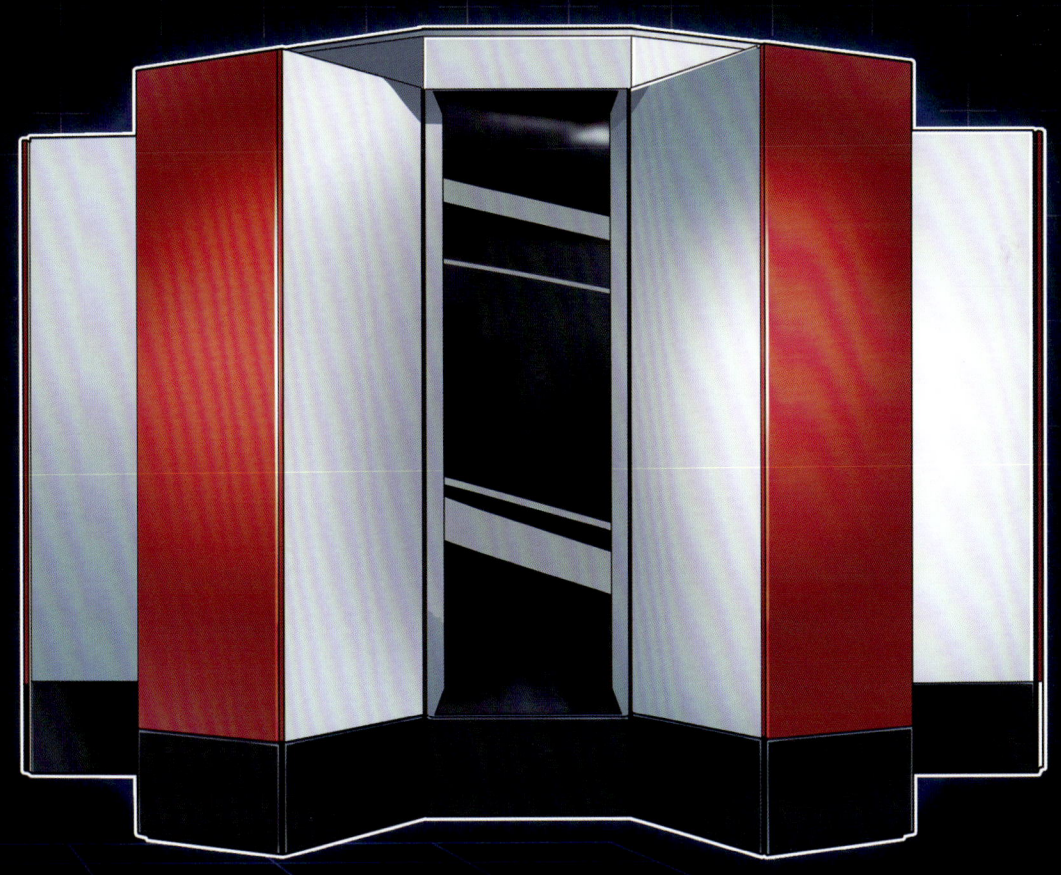

1997年6月19日,"银河-III"百亿次巨型计算机通过国家技术鉴定,标志着我国掌握了高性能巨型计算机的研制技术。

2000年,"银河-IV"问世。

它由1024个CPU组成,计算速度超过了每秒1万亿次,达到国际先进水平。

1993年，美国和德国超算专家联合编制了超算基准程序 **Linpack**，以该程序的测试值为顺序排出"**全球超级计算机 500 强**"，每年发布两次。1995年11月，中国超算首次上榜。

曙光 4000A

2004 年 6 月 22 日，"**曙光 4000A**"以每秒 112640 亿次的运算速度首次进入该榜单前十名。它标志着中国成为继美国、日本之后，第三个实现了 **10 万亿次**计算机研发、应用的国家。而且它的系统主板和大量系统软件均为**中国自主研发**。这可以说是中国计算技术领域的一大创举。

2008年登上榜单前十的"**曙光 5000A**"的运算速度突破了**百万亿次**。2010年6月，作为"**曙光 6000**"的阶段性成果，"**星云**"问世，它是中国首台实测计算速度超千万亿次的超算，在当年的500强名单里**排名第四**。

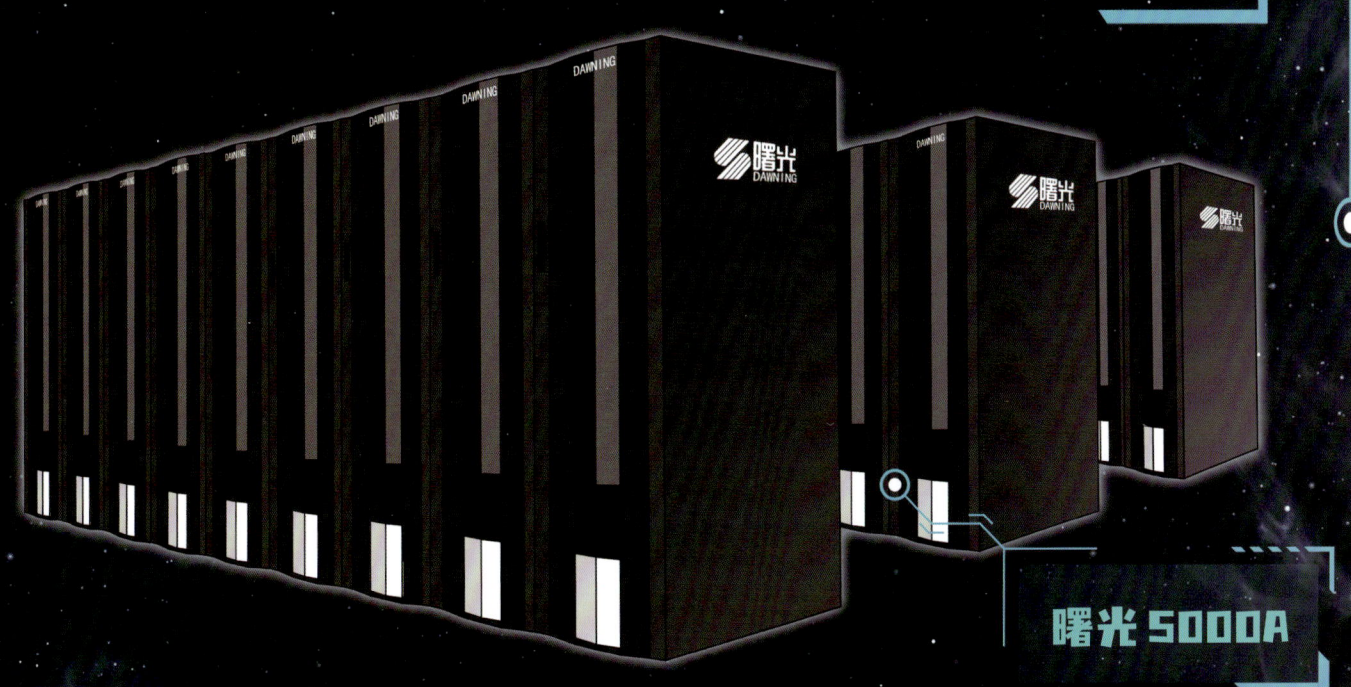

曙光 5000A

2008年北京奥运会开幕式上，"**曙光**"高性能计算机实现了**实时卷轴**等大量数字媒体的渲染绘制。同时，"**曙光**"系列计算机在"**神舟**"系列**载人航天工程**中承担了许多重要任务。

曙光 6000

NEBULAE

国家超级计算天津中心
National Supercomputer Center in Tianjin

2009年9月"天河一号"一期系统问世，标志着中国成为继美国之后第二个能自主研制千万亿次超算的国家。此前"全球超级计算机500强"榜单的前三名，一直被美国、日本等传统计算机强国占据。

2010年8月，"天河一号"二期系统升级完成。2010年11月14日，"天河一号"代表中国首次登顶"全球超级计算机500强"榜单。直到2011年，"天河一号"才被日本超算"京"超过。"天河一号"的存储量，相当于四个国家图书馆的藏书量的总和。

我国传统文化里，"**天河**"是"**银河**"的别称，"**天河一号**"的名字也寓意着**国家超级计算天津中心**与"**银河一号**"计算机诞生地**国防科技大学**之间的合作。

第一台国产千万亿次超算"天河一号"由6144个通用处理器和5120个图形加速处理器组成，一共组装了103个机柜，总重量达到了155吨，占地面积近千平方米。它采用了七项关键创新技术，具有高性能、低能耗、高安全、易使用等四大特点。这台超算的研发，还首次尝试了军地合作、多家单位协同攻关的开发模式。

"天河一号"的操作系统是我国的"银河麒麟"操作系统。"银河麒麟"同样由国防科技大学自主研制，同时，它又能兼容国际通行的Linux等操作系统，因此能够广泛地支持第三方软件。

天河一号

超级计算机系统

2013年6月17日,"天河二号"代表中国超算重回世界之巅,并且荣获 **6 次** "全球超级计算机 500 强"评选的**冠军**。它计算速度的峰值可达每秒 **5.49 亿亿次**,平均**每秒 3.39 亿亿次**,它 1 小时的计算量大约相当于**全国 13 亿人**同时用普通计算器**算上 1000 年**。"天河二号"超算一共有 **170 个机柜**,占地面积 **720 平方米**。其中 **125 个机柜**是计算机柜,每个机柜有 **4 个机框**,每个机框有 **16 块主板**,每个主板上有 **2 个计算节点**。如果按照每本书有 **10 万字**来计算,"天河二号"的存储总容量相当于图书馆馆藏 **600 亿册书**。

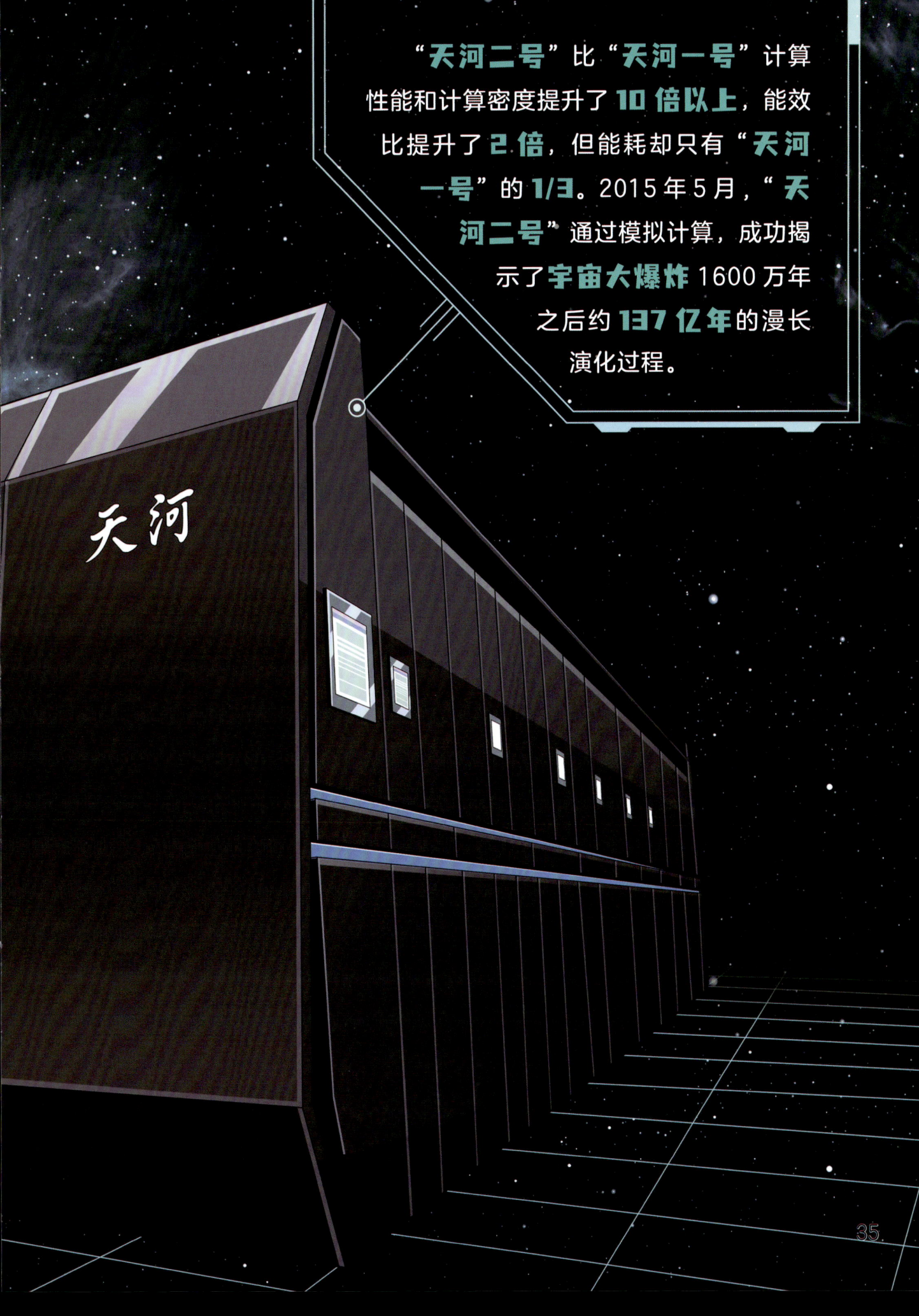

"天河二号"比"天河一号"计算性能和计算密度提升了 **10 倍以上**，能效比提升了 **2 倍**，但能耗却只有"天河一号"的 **1/3**。2015 年 5 月，"天河二号"通过模拟计算，成功揭示了**宇宙大爆炸** 1600 万年之后约 **137 亿年**的漫长演化过程。

神威·太湖之光

  2016年6月20日，德国法兰克福世界超算大会上发布了**第47届"全球超级计算机500强"榜单**，我国的"神威·太湖之光"超算荣登榜首。中国同时有**168台超算**上榜，超越美国成为**占比第一**。这已经是中国超算**第8次夺冠**。

  这一次，"神威·太湖之光"的计算速度几乎是第二名"**天河二号**"的3倍，是美国"**泰坦**"和"**红山**"的5倍。它1分钟的计算能力，相当于**全球72亿人**同时用计算器不间断算上**32年**。对比同年生产的笔记本电脑或台式机，**200多万台普通计算机**才能抵得上一个"神威·太湖之光"。

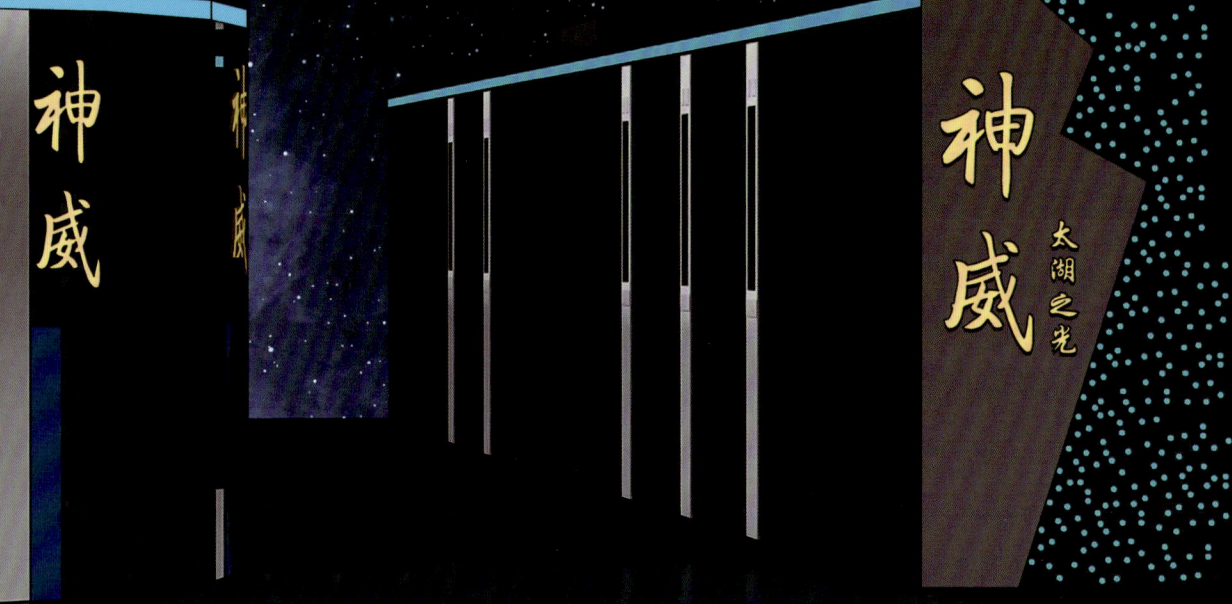

  超算主要是依靠提高设备**并行度**和**规模**来提升**计算速度**的。"神威·太湖之光"坐落于国家超级计算无锡中心 **1000** 平方米的房间内，由 **40 个**计算机柜和 **8 个**网络机柜组成。

  每一个计算机柜比家用的双开门冰箱略大，里面分布着 **4 组**由 **32 块**计算插件组成的**超节点**。每个插件又包含了 **4 个计算节点板**，每个计算节点板又含 **2 块"申威 26010"**高性能处理器。

  如此计算下来，整台"神威·太湖之光"就拥有 **40 960 块处理器**，堪称最强大脑，运算速度之快可想而知。

  这也是全球第一台计算速度超过**每秒 10 亿亿次**的超算。

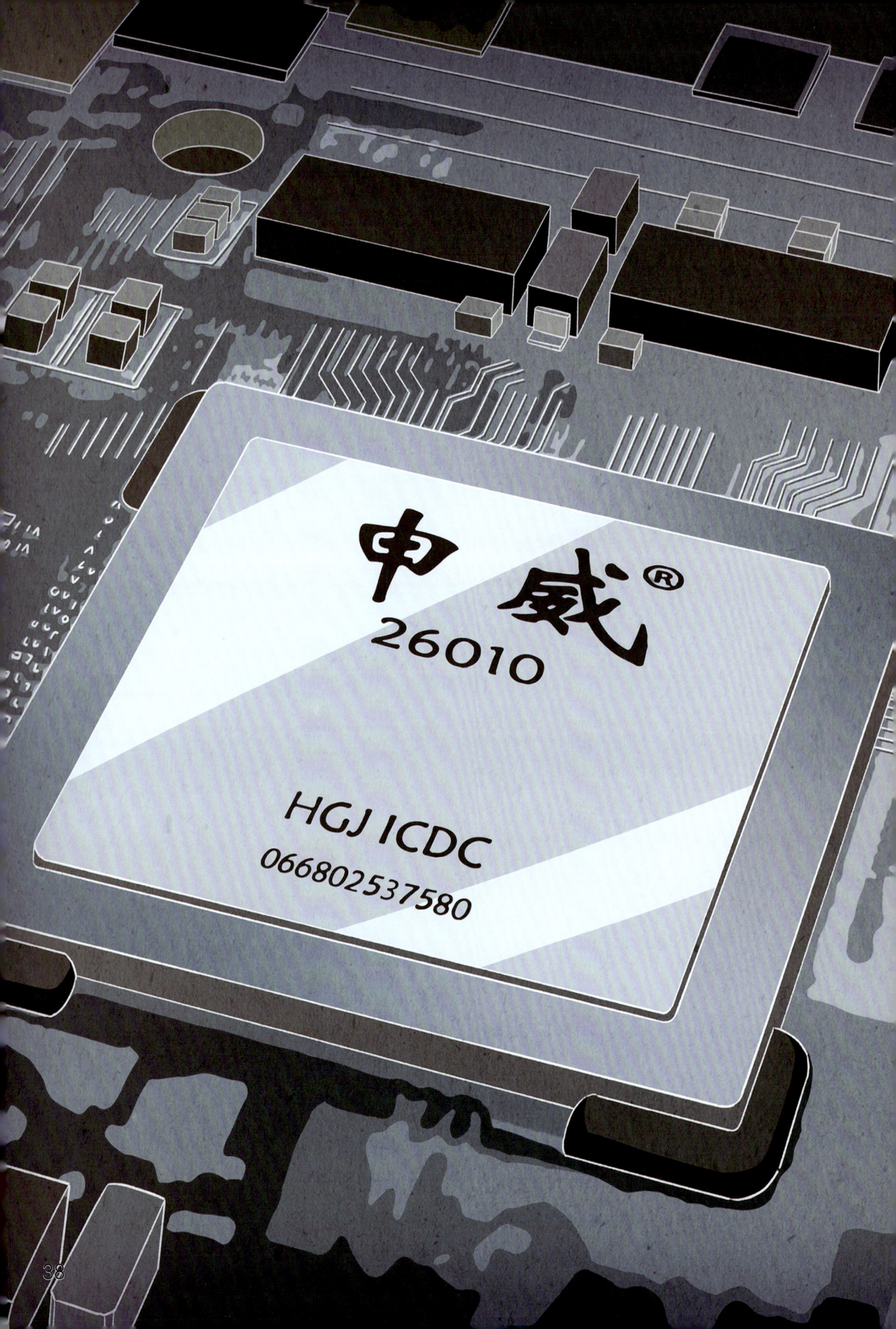

"神威·太湖之光"实现了核心部件的全部国产化。2015年4月，美国政府突然宣布禁止向中国的4家超算机构出售芯片，这则公告反而成了倒逼我国加快自主研发处理器步伐的战略机遇——5厘米大小的"申威26010"就在这样的形势下诞生了。

如此庞大的超算，它的能耗也堪比一个小型城镇。"神威·太湖之光"采用了**直流供电**、**全机水冷**等关键技术，比世界上其他顶级超算**节能60%**以上。

如今"神威·太湖之光"已经实现了在**航空航天、新材料、新能源、生物医药**等19个领域的应用，支持数百家用户单位完成上百项大型应用课题的计算任务。有了超算的帮助，我们既可以大大加快针对癌症等方向的药物研发进度，也可以全面提高我国应对极端气候和自然灾害的能力，还能帮助"天宫一号"飞行器顺利返回地球。

2016年，全球共有6项应用成果入围高性能计算应用领域的最高奖项——**戈登·贝尔奖**的最终提名，其中3项都是依托"神威·太湖之光"完成的，涉及**大气**、**海洋**、**材料**3个领域。

中国团队的"千万核可扩展全球大气动力学全隐式模拟"最终问鼎，打破了美国、日本29年来对该奖项的垄断。

2017年11月13日，"神威·太湖之光"依旧以超过第二名近3倍的计算速度领跑全球超算，这是中国超算第10次荣获该评选的冠军。同时，中国超算上榜总数达到 **202** 台，远超第二名美国的143台。而且在戈登·贝尔奖评选中，中国团队凭借《基于神威·太湖之光的18.9-Pflops非线性地震模拟：实现对18 Hz和8 m情景的描述》再度折桂。

"**银河**"照耀梦想,"**曙光**"带来希望,"**天河**"开辟前路,"**神威**"震撼世界。不同系列的中国超算被应用到了不同的领域,为我们的生活带来了翻天覆地的变化。

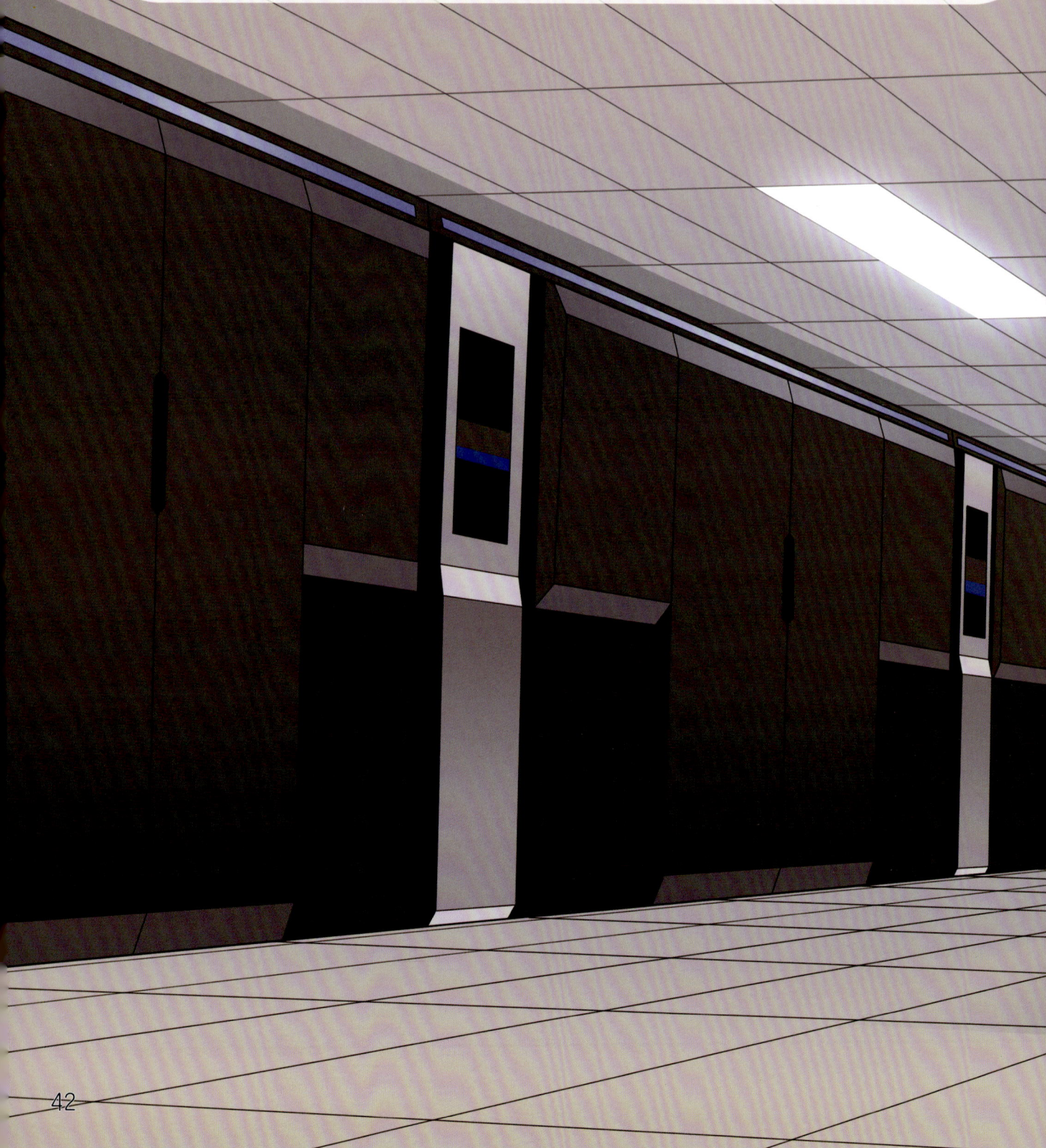

天河高性能计算机系统

近几年，全球超算的计算能力仍在不断地刷新纪录，各国你追我赶，力争更快更强！2018年7月，"**天河三号**"原型机开放应用。所谓原型机，即按照设计图样制造的**第一批供试验或量产原型的机械**。"天河三号"是我国新一代**百亿亿次超算**，因此也被称为**E级计算机**。"天河三号"的6个机柜就能达到"天河一号"120个机柜的计算能力，它工作1小时，相当于**13亿人上万年的计算量**。

目前，我国一方面在研发新的具备**百亿亿次计算能力的超算**，另一方面也在**软件研制、应用开发**等方面继续耕耘。只有打破国外商业软件的垄断，提高超算系统解决问题的能力，才能真正地带动产业创新与升级。

目前，我国国家超级计算中心一共有10所：

国家超级计算天津中心
国家超级计算广州中心
国家超级计算深圳中心
国家超级计算长沙中心
国家超级计算济南中心
国家超级计算无锡中心
国家超级计算郑州中心
国家超级计算昆山中心
国家超级计算成都中心
国家超级计算西安中心

在一代代中国超算人的眼中，超算的研发没有终点。在新时代的浪潮下，中国超算将乘风破浪，光芒万丈，未来可期！